BEI GRIN MACHT SICH IHR WISSEN BEZAHLT

AF149076

- Wir veröffentlichen Ihre Hausarbeit,
  Bachelor- und Masterarbeit

- Ihr eigenes eBook und Buch -
  weltweit in allen wichtigen Shops

- Verdienen Sie an jedem Verkauf

Jetzt bei www.GRIN.com hochladen
und kostenlos publizieren

GRIN ☺

Alexander Weiß

Kreditfunktionen

GRIN Verlag

Bibliografische Information der Deutschen Nationalbibliothek:

Die Deutsche Bibliothek verzeichnet diese Publikation in der Deutschen National-
bibliografie; detaillierte bibliografische Daten sind im Internet über http://dnb.d-
nb.de/ abrufbar.

Impressum:

Copyright © 2009 GRIN Verlag GmbH
Druck und Bindung: Books on Demand GmbH, Norderstedt Germany
ISBN: 978-3-640-49400-2

Dieses Buch bei GRIN:

http://www.grin.com/de/e-book/141325/kreditfunktionen

Kreditfunktionen

Alexander Weiß

1   Einleitung

Kredit- und Debitfunktionen stellen die Auszahlung und Rückzahlung von Krediten zuzüglich Zins dar. Die Auszahlungs- und Rückzahlungsmodalitäten wurden seit jeher bedarfsorientiert und anhand von Markterfordernissen weiterentwickelt. Die Verfahren für Kreditberechnungen sind dabei stets empirisch entstanden. In der Praxis existieren heutzutage z.b. Kreditauszahlungen an Privat-/Firmenkunden in Form von Vollauszahlung (zu Beginn der Investitionsphase) oder Teilauszahlung (z.b. gemäß des Baufortschritts). Die Kreditanfangsschuld als Ausgangspunkt für die Kreditrückzahlung lässt sich somit direkt aus der Vollauszahlung bzw. aus den kumulierten Teilauszahlungen zzgl. der aufgelaufenen Zinsen ermitteln. Als Kreditrückzahlungsformen stehen z.b. konstante Debitraten (steigende Tilgungs- und fallende Zinsraten), konstante Tilgungsraten (fallende Debitrate) und konstante Zinsraten mit endfälliger Gesamttilgung (endfälliges Darlehen) zur Verfügung. Die Kreditfinanzierung durch Banken ist somit sehr stark durch traditionelle Formen der Kredit- und Debitfunktionen geprägt. Unterschiedliche Phasenentwicklungen finden derzeit im Kreditproduktangebot keine adäquate Berücksichtigung. Auf der theoretischen Seite existiert aber bis dato kein mathematisches Fundament dazu. Lediglich für spezielle Kredit- und Debitfunktionen liegen erste theoretische Ergebnisse (Vgl. Haensel [1]), (Vgl. Haensel [2]), (Vgl. Laux [3]), (Vgl. Oppitz [4]), (Vgl. Oppitz [5]), (Vgl. Oppitz [6]) und (Vgl. Weiß [8]) vor.

Die existierenden Kredit- und Debitfunktionen können durch einfache mathematische Ausdrücke dargestellt werden. Von der Kreditwirtschaft werden sie aufgrund der rechnerischen Beherrschbarkeit seit jeher verwendet. Genau an dieser Stelle setzen die weiteren Untersuchungen zu Kreditfunktionen an und stellen somit den Ausgangspunkt für diesen Artikel dar.

2   Kreditfunktionen

Mit Hilfe von Kreditfunktionen wird die Auszahlung von Krediten dargestellt. Existierende Funktionen werden in Klassen von Differentialgleichungen eingebettet. Hierzu werden im Folgenden konstante, geometrische und wölbende Kreditfunktionen näher beleuchtet.

Konstante Kreditfunktionen spielen insbesondere bei Leistungsprozessen mit Massencharakter eine wesentliche Rolle. Ansteigende Kreditfunktionen finden sich bei Investitionsprojekten mit großen Vorbereitungszeiten (z.B. bei Marketingprojekten) wieder. Dabei ist die lange Vorbereitungsperiode durch niedrigen Vorbereitungsaufwand und ansteigende Auszahlungen für Leistungsprozesse gekennzeichnet. In der Praxis stoßen auf der anderen Seite fallende Kreditfunktionen beim Grundstückskauf und bei der Erschließung bzw. der Herstellung von Bauwerken zzgl. der Innenausstattung auf großes Interesse. Merkmale dieser Finanzierungsphasen mit großen Investitionszeiten sind die zu Beginn hohen und anschließend fallenden Investitionsbeträge. Wölbende Kreditfunktionen sind bei Investitionsobjekten mit Auszahlungsmaximum während der Laufzeit gekennzeichnet. Diese finden in der Praxis bei der Herstellung von Gebäuden mit hohem Nutzwert oder von komplizierten Produkten, wie z.B. im Flugzeug- und Raketenbau, Berücksichtigung.

2.1   Allgemein

Im Folgenden bezeichnet $K(t) \in {}^{+}_{0}$ stets die Kreditfunktion und $A(t) = \int\limits_{o}^{t} K(x)dx$ die allgemeine Tranchenkumulationsfunktion, wobei $0 \le t \le T$, $t, T \in {}^{+}_{0}$ und mit T die Gesamtauszahlungslaufzeit bezeichnet wird. Es ist also

$$A'(t) = \frac{dA(t)}{dt} = K(t) \tag{1}$$

Die Kreditanfangsschuld als Ausgangspunkt für die Kreditrückzahlung lässt sich direkt aus der Vollauszahlung bzw. aus den kumulierten Teilauszahlungen zzgl. der aufgelaufenen Zinsen ermitteln. OBdA wird hier der Beginn der Kreditrückzahlung frühestens nach voll-ständiger

Kreditauszahlung angenommen (sonst Unterteilung in mehrere Finanzierungen, so dass Annahme erfüllt ist).

Für eine Kreditvollauszahlung und für kumulierte Kreditteilauszahlungen ergibt sich unter Berücksichtigung aufgelaufener Zinsen folgende Gleichung:

$$K_T = \int_0^T K(x) \cdot \exp\big((T-x)\cdot z\big)\,dx = \int_0^T K(x)\,dx + \int_0^T K(x) \cdot \big(\exp\big((T-x)\cdot z\big)-1\big)\,dx = K_A + E,$$

wobei mit $K_T \in {}^+$ die Kreditanfangsschuld als Ausgangspunkt für die Kreditrückzahlung, mit $K_A \in {}^+$ der Gesamtkreditauszahlungsbetrag, mit $E \in {}^+$ der Endwert der aufgelaufenen Zinsen und mit $z \in {}^+$ der Kreditzinssatz pro Zeiteinheit bezeichnet wird. Die in der Praxis u.a. weiter anfallenden Bereithaltungszinsen, Beleihungswertermittlungsgebühren, Notarkosten oder sonstigen Kreditgebühren finden hier keine Berücksichtigung.

2.2   Konstant

Die   konstante   Kreditfunktion   mit $K(t) = \dfrac{K_A}{T} =: K \in {}^+$ basiert   auf   folgender Differentialgleichung:

$$A'(t) = \frac{A(t)}{t} \tag{2}$$

mit $A(t) = \int_0^t 1\,dx \cdot K = [x]_0^t \cdot K = t \cdot K$ als lineare Tranchenkumulationsfunktion, wobei $0 < t \leq T$ und $A(0) = 0$, $t,T \in {}^+$, T die Gesamtauszahlungslaufzeit und $K_A \in {}^+$ der Gesamtkreditauszahlungsbetrag ist.

Beweis:

Aus $A'(t) = \dfrac{dA(t)}{dt} = K$ und $K = \dfrac{A(t)}{t}$ folgt die obige Behauptung.

Die Kreditanfangsschuld lässt sich damit wie folgt berechnen:

$$K_T = \int_0^T K(x) \cdot \exp\big((T-x)\cdot z\big)dx = \int_0^T \exp\big((T-x)\cdot z\big)dx \cdot K = \left[\frac{\exp\big((T-x)\cdot z\big)}{-z}\right]_0^T \cdot K$$

$$= \left(\frac{\exp(T \cdot z)-1}{z}\right) \cdot K \text{, wobei mit } K_T \in \ ^+ \text{ die Kreditanfangsschuld als Ausgangspunkt für die}$$

Kreditrückzahlung und mit $z \in \ ^+$ der Kreditzinssatz pro Zeiteinheit bezeichnet wird.

2.3 Geometrisch

Für die geometrische Kreditfunktion mit $K(t) = q^t \cdot \dfrac{\ln(q)}{q^T - 1} \cdot K_A \in \ ^+$ sei mit $q \in \ ^+$ der

zugehörige Wachstumsfaktor bezeichnet, wobei o.B.d.A. $q \neq 1$ ist (sonst Kreditfunktion konstant; siehe dazu Kapitel 2.2). Die Kreditfunktion basiert auf folgender Differentialgleichung:

$$A'(t) = q^t \cdot \frac{\ln(q)}{q^t - 1} \cdot A(t) \tag{3}$$

mit $\quad A(t) = \int_0^t q^x dx \cdot \dfrac{\ln(q)}{q^T - 1} \cdot K_A = \left[\dfrac{q^x}{\ln(q)}\right]_0^t \cdot \dfrac{\ln(q)}{q^T - 1} \cdot K_A = \dfrac{q^t - 1}{q^T - 1} \cdot K_A \quad$ als exponentielle

Tranchenkumulationsfunktion, wobei $0 < t \leq T$, $A(0) = 0$, $t, T \in \ ^+$, T die

Gesamtauszahlungslaufzeit sowie $K_A \in \ ^+$ der Gesamtkreditauszahlungsbetrag ist.

Beweis:

Aus $A'(t) = \dfrac{dA(t)}{dt} = q^t \cdot \dfrac{\ln(q)}{q^T - 1} \cdot K_A$ und $K_A = \dfrac{q^T - 1}{q^t - 1} \cdot A(t)$ folgt obige Behauptung.

Anmerkung: Für $q > 1$ ist $K(t)$ eine geometrisch ansteigende Kreditfunktion und $A(t)$ eine

exponentielle Tranchenkumulationsfunktion. Für $q = 1$ ist $K(t)$ die konstante Kreditfunktion und

$A(t)$ die lineare Tranchenkumulationsfunktion (siehe dazu Kapitel 2.2). Für $q < 1$ ist $K(t)$ eine geometrisch fallende Kreditfunktion und $A(t)$ eine exponentiell satte

Tranchenkumulationsfunktion.

Die Kreditanfangsschuld lässt sich damit wie folgt berechnen:

$$K_T = \int_0^T K(x) \cdot \exp\big((T-x) \cdot z\big) dx = \int_0^T q^x \cdot \exp\big((T-x) \cdot z\big) dx \cdot \frac{\ln(q)}{q^T - 1} \cdot K_A,$$

$$= \left[\frac{q^x \cdot \exp\big((T-x) \cdot z\big)}{\ln(q) - z} \right]_0^T \cdot \frac{\ln(q)}{q^T - 1} \cdot K_A = \frac{q^T - \exp(T \cdot z)}{\ln(q) - z} \cdot \frac{\ln(q)}{q^T - 1} \cdot K_A,$$

wobei mit $K_T \in {}^+$ die Kreditanfangsschuld als Ausgangspunkt für die Kreditrückzahlung und

mit $z \in {}^+ \backslash \{\ln(q)\}$ der Kreditzinssatz pro Zeiteinheit bezeichnet wird.

2.4   Wölbend

Die wölbende Kreditfunktion mit $K(t) = \left(\dfrac{t}{T}\right)^{\kappa \cdot T - 1} \cdot \exp\big(\kappa \cdot (T-t)\big) \cdot \left(1 - \dfrac{t}{T}\right) \cdot \kappa \cdot K_A \in {}^+$ basiert

auf nachfolgender Differentialgleichung.

$$A'(t) = \frac{T-t}{t} \cdot \kappa \cdot A(t) \qquad (4)$$

mit

$$A(t) = \int_0^t \left(\frac{x}{T}\right)^{\kappa \cdot T - 1} \cdot \exp\big(\kappa \cdot (T-x)\big) \cdot \left(1 - \frac{x}{T}\right) dx \cdot \kappa \cdot K_A = \left[\left(\frac{x}{T}\right)^{\kappa \cdot T} \cdot \exp\big(\kappa \cdot (T-x)\big) \right]_0^t \cdot K_A$$

$$= \left(\frac{t}{T}\right)^{\kappa \cdot T} \cdot \exp\big(\kappa \cdot (T-t)\big) \cdot K_A \quad \text{als potenzexponentielle Tranchenkumulationsfunktion (hier}$$

speziell: potenzexponential), wobei $0 < t \leq T$, $A(0) = 0$ und $\kappa, t, T \in {}^+$, T die

Gesamtauszahlungslaufzeit und $K_A \in {}^+$ der Gesamtkreditauszahlungsbetrag ist.

Beweis:

Aus $A'(t) = \dfrac{dA(t)}{dt} = \left(\dfrac{1}{T}\right)^{\kappa \cdot T} \cdot \exp\left(\kappa \cdot T\right) \cdot \left(\kappa \cdot T \cdot t^{\kappa \cdot T - 1} \cdot \exp\left(-\kappa \cdot t\right) + t^{\kappa \cdot T} \cdot \left(-\kappa\right) \cdot \exp(-t \cdot \kappa)\right) \cdot K_A$

folgt $A'(t) = \left(\dfrac{t}{T}\right)^{\kappa \cdot T - 1} \cdot \exp\left(\kappa \cdot (T - t)\right) \cdot \left(1 - \dfrac{t}{T}\right) \cdot \kappa \cdot K_A$ und mit $K_A = \dfrac{A(t)}{\left(\dfrac{t}{T}\right)^{\kappa \cdot T} \cdot \exp\left(\kappa \cdot (T - t)\right)}$

somit obige Behauptung.

Die Kreditanfangsschuld lässt sich damit wie folgt berechnen:

$$K_T = \int\limits_0^T K(x) \cdot \exp\left((T - x) \cdot z\right) dx$$

$$= \int\limits_0^T \left(\frac{x}{T}\right)^{\kappa \cdot T - 1} \cdot \exp\left(\kappa \cdot (T - x)\right) \cdot \left(1 - \frac{x}{T}\right) \cdot \exp\left((T - x) \cdot z\right) dx \cdot \kappa \cdot K_A$$

$$= \exp\left((z + \kappa) \cdot T\right) \cdot \kappa \cdot K_A \left(T \cdot \int\limits_0^T \frac{\exp\left(-x \cdot (z + \kappa)\right) \cdot \left(\dfrac{x}{T}\right)^{\kappa \cdot T}}{x} dx - \int\limits_0^T \exp\left(-x \cdot (z + \kappa)\right) \cdot \left(\frac{x}{T}\right)^{\kappa \cdot T} dx \right),$$

wobei mit $K_T \in {}^+$ die Kreditanfangsschuld als Ausgangspunkt für die Kreditrückzahlung und

mit $z \in {}^+$ der Kreditzinssatz pro Zeiteinheit bezeichnet wird.

Anmerkung: Eine Näherungslösung für kann mit Hilfe eines numerischen Integrati-onsverfahrens ermittelt werden (Vgl. Stoer, Bulirsch [7]).

Mit Nullsetzen der 2. Ableitung von $A(t)$ und $\kappa \cdot T > 1$ wird nun die Wendestelle t_W ermittelt.

$$A''(t) = \frac{dA'(t)}{dt}$$

$$= \frac{d\left(\left(\frac{t}{T}\right)^{\kappa \cdot T - 1} \cdot \exp\left(\kappa \cdot (T-t)\right) \cdot \left(1 - \frac{t}{T}\right) \cdot \kappa \cdot K_A\right)}{dt}$$

$$= \frac{\kappa \cdot K_A \cdot d\left(\left(\left(\frac{t}{T}\right)^{\kappa \cdot T - 1} - \left(\frac{t}{T}\right)^{\kappa \cdot T}\right) \cdot \exp\left(\kappa \cdot (T-t)\right)\right)}{dt}$$

$$= \kappa \cdot K_A \cdot \left(\frac{t}{T}\right)^{\kappa \cdot T - 2} \cdot \exp\left(\kappa \cdot (T-t)\right) \cdot \left[\kappa \cdot \left(1 - \frac{t}{T}\right)^2 - \frac{1}{T}\right]$$

Mit $A''(t) = 0$ und $0 < t < T$ folgt der Wendepunkt $t_W = T \cdot \left(1 - \sqrt{\frac{1}{\kappa \cdot T}}\right)$.

Die Kalibrierung („auf das richtige Maß bringen") von κ erfolgt mittels t_W:

$$\kappa = \frac{\frac{1}{T}}{\left(1 - \frac{t_W}{T}\right)^2} = \frac{1}{T} \cdot \frac{1}{1 - 2 \cdot \frac{t_W}{T} + \frac{t_W^2}{T^2}} = \frac{1}{T - 2 \cdot t_W + \frac{t_W^2}{T}} \cdot \frac{T}{T}$$

$$= \frac{T}{T^2 - 2 \cdot t_W \cdot T + t_W^2} = \frac{T}{(T - t_W)^2}$$

3 Funktionstests

Mit Hilfe von bankpraktischem Datenmaterial erfolgt nun eine quantitative Betrachtung. Das verwendete Datenmaterial ist an folgende Literatur angelehnt: (Vgl. Haensel [1]), (Vgl. Oppitz [4]) und (Vgl. Oppitz, [6]). Die mathematischen Forschungsergebnisse (innovierte Kreditfunktionen als auch die dazugehörigen Tranchenkumulationsfunktionen) werden anhand von Tests verifiziert und validiert. Dabei wird die Wirkung des Modells in Zahlen und Kurven ausgedrückt und dargestellt.

3.1 Konstante Kreditfunktion

Die ODER&ELBE GmbH lässt eine unter Denkmalschutz stehende Villa aus der Gründerzeit restaurieren. Der für die Finanzierung erforderlich Gesamtkreditauszahlungsbetrag $K_A = 3.575.000€$ soll auf Basis einer konstanten Kreditfunktion und mit einer Laufzeit von $T = 11$ Monaten ausgezahlt werden. Die Parameter und der Auszahlungsplan sind zu ermitteln.

Mit der Auszahlung der konstanten Kreditfunktion

$$K(t) =: K = \frac{K_A}{T} = \frac{3.575.000€}{11} = 325.000€ \text{ ergibt sich für die lineare}$$

Tranchenkumulationsfunktion folgende Darstellung: $A(t) = t \cdot K = t \cdot 325.000€$

t (Zeitpunkt)	1	3	5	7	9	11
K(t)	325.000€	325.000€	325.000€	325.000€	325.000€	325.000€
A(t)	325.000€	975.000€	1.625.000€	2.275.000€	2.925.000€	3.575.000€

Tabelle 1: Konstante Kreditfunktion und lineare Tranchenkumulationsfunktion

Quelle: Eigene Darstellung

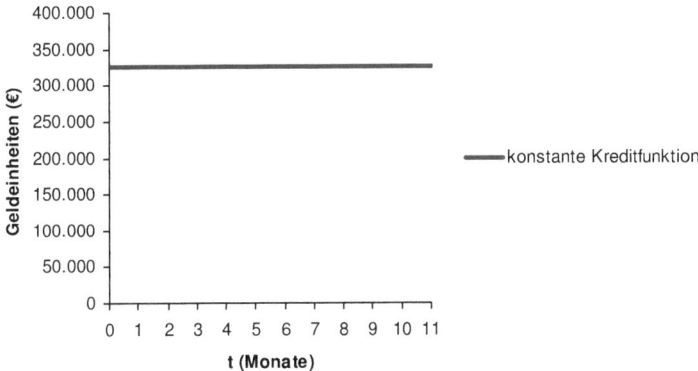

Abbildung 1:   Konstante Kreditfunktion

Quelle: Eigene Darstellung

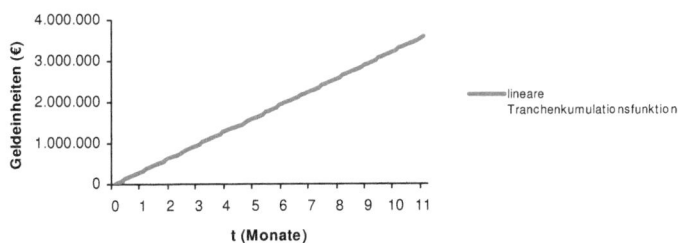

Abbildung 2:   Lineare Tranchenkumulationsfunktion

Quelle: Eigene Darstellung

Die Kreditanfangsschuld als Ausgangspunkt für die Kreditrückzahlung ermittelt sich für $T = 11$ Monate und einem Kreditzinssatz von $z = 5,75\%$ p.a. direkt aus

$$K_T = \left(\frac{\exp(T \cdot z) - 1}{z} \right) \cdot K = \left(\frac{\exp\left(11 \cdot \frac{5,75\%}{12} \right) - 1}{\frac{5,75\%}{12}} \right) \cdot 325.000\text{€} = 3.670.894\text{€}.$$

3.2 Geometrische Kreditfunktion

Die Auszahlungen für die Restauration eines Wasserspiels in einem Stadtpark sollen geometrisch ansteigend verlaufen. Anfangs fallen einfache Maurerarbeiten an, gegen Ende künstlerische Leistungen mit teurem Material, wie z.B. Marmor und Edelstahl. Der für die Finanzierung erforderliche Gesamtkreditauszahlungsbetrag beträgt $K_A = 1.525.000\text{€}$, der Wachstumsfaktor sei $q = 1,37$ und die Gesamtauszahlungslaufzeit soll $T = 8$ Monate betragen. Die Parameter und der Auszahlungsplan sind zu ermitteln.

Mit der geometrisch ansteigenden Kreditfunktion

$$K(t) = q^t \cdot \frac{\ln(q)}{q^T - 1} \cdot K_A = 1,37^t \cdot \frac{\ln(1,37)}{1,37^8 - 1} \cdot 1.525.000\text{€} \text{ ergibt sich für die exponentielle}$$

Tranchenkumulationsfunktion folgende Darstellung:

$$A(t) = \frac{q^t - 1}{q^T - 1} \cdot K_A = \frac{1,37^t - 1}{1,37^8 - 1} \cdot 1.525.000\text{€}$$

t (Zeitpunkt)	1	2	4	6	8
K(t)	57.645€	78.974€	148.226€	278.205€	522.163€
A(t)	49.453€	117.204€	337.184€	750.065€	1.525.000€

Tabelle 2:   Geometrisch ansteigende Kreditfunktion und exponentielle Tranchenkumulationsfunktion

Quelle: Eigene Darstellung

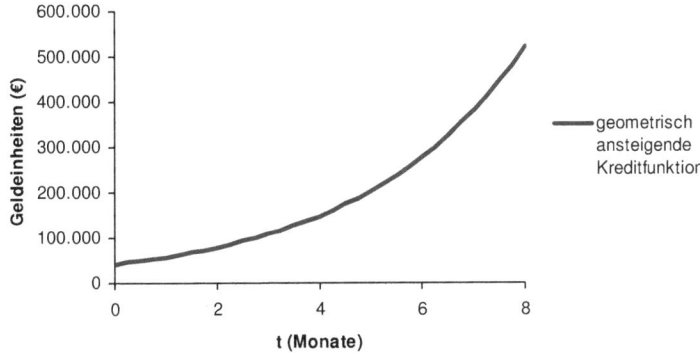

Abbildung 3:   Geometrisch ansteigende Kreditfunktion

Quelle: Eigene Darstellung

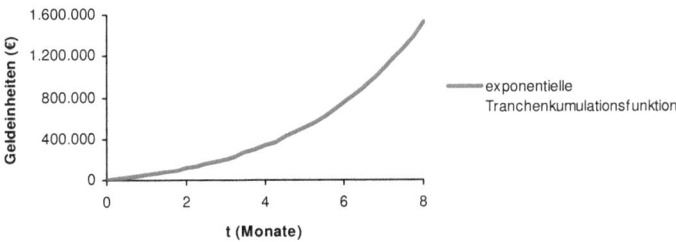

Abbildung 4:   Exponentielle Tranchenkumulationsfunktion

Quelle: Eigene Darstellung

Die Kreditanfangsschuld als Ausgangspunkt für die Kreditrückzahlung ermittelt sich für

$T = 8$ Monate   und   einem   Kreditzinssatz   von $z = 8,25\%$ p.a.   direkt   aus

$$K_T = \frac{q^T - \exp(T \cdot z)}{\ln(q) - z} \cdot \frac{\ln(q)}{q^T - 1} \cdot K_A = \frac{1{,}37^8 - \exp\left(8 \cdot \dfrac{8{,}25\%}{12}\right)}{\ln(1{,}37) - \dfrac{6{,}75\%}{12}} \cdot \frac{\ln(1{,}37)}{1{,}37^8 - 1} \cdot 1.525.000€$$

$$= 1.551.322€.$$

Die Kreditauszahlungen für eine Autowaschanlage sollen geometrisch fallend verlaufen. Der für die Finanzierung erforderliche Gesamtkreditauszahlungsbetrag beträgt $K_A = 8.750.000€$, der Wachstumsfaktor sei $q = 0{,}64$ und die Gesamtauszahlungslaufzeit soll $T = 10$ Monate betragen. Die Parameter und der Auszahlungsplan sind zu ermitteln.

Mit der geometrisch fallenden Kreditfunktion

$$K(t) = q^t \cdot \frac{\ln(q)}{q^T - 1} \cdot K_A = 0{,}64^t \cdot \frac{\ln(0{,}64)}{0{,}64^{10} - 1} \cdot 8.750.000€ \text{ ergibt sich für die exponentiell satte}$$

Tranchenkumulationsfunktion folgende Darstellung:

$$A(t) = \frac{q^t - 1}{q^T - 1} \cdot K_A = \frac{0{,}64^t - 1}{0{,}64^{10} - 1} \cdot 8.750.000€$$

t (Zeitpunkt)	1	2	5	8	10
K(t)	2.528.358€	1.618.149€	424.188€	111.198€	45.547€
A(t)	3.186.741€	5.226.255€	7.901.575€	8.602.894€	8.750.000€

Tabelle 3:   Geometrisch fallende Kreditfunktion und exponentiell satte Tranchenkumulationsfunktion

Quelle: Eigene Darstellung

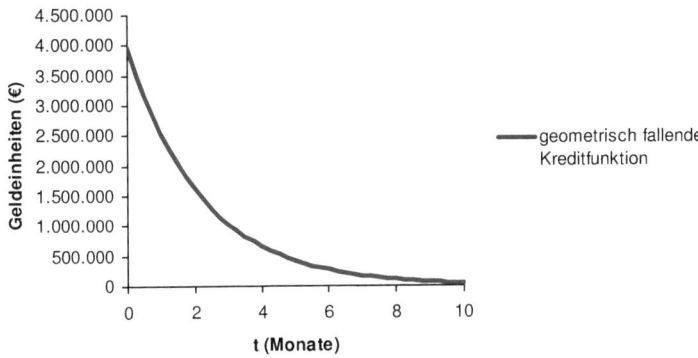

Abbildung 5:   Geometrisch fallende Kreditfunktion

Quelle: Eigene Darstellung

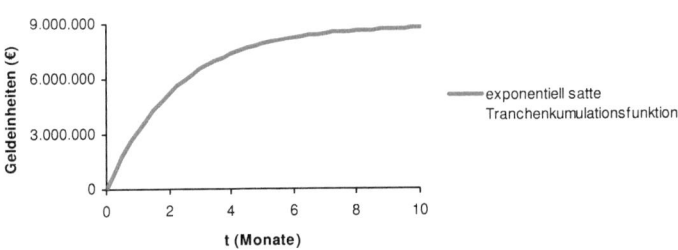

Abbildung 6:   Exponentiell satte Tranchenkumulationsfunktion

Quelle: Eigene Darstellung

Die Kreditanfangsschuld als Ausgangspunkt für die Kreditrückzahlung ermittelt sich für

$T = 10$ Monate   und   einem   Kreditzinssatz   von $z = 7,75\%$ p.a.   direkt   aus

$$K_T = \frac{q^T - \exp(T \cdot z)}{\ln(q) - z} \cdot \frac{\ln(q)}{q^T - 1} \cdot K_A = \frac{0,64^{10} - \exp\left(10 \cdot \dfrac{7,75\%}{12}\right)}{\ln(0,64) - \dfrac{7,75\%}{12}} \cdot \frac{\ln(0,64)}{0,64^{10} - 1} \cdot 8.750.000\text{€}$$

$$= 9.207.319\text{€}.$$

3.3 Wölbende Kreditfunktion

Die Kreditauszahlung für den Bau eines Geschäftshauses sollen asymmetrisch gewölbt erfolgen und seitens der Hausbank innerhalb einer Gesamtauszahlungslaufzeit von $T = 12$ Monaten ausbezahlt werden. Der für die Finanzierung erforderliche Gesamtkreditauszahlungsbetrag beträgt $K_A = 9.000.000\text{€}$ und das Auszahlungsmaximum soll in $t_{Maximum} = 4$ sein. Die Parameter und der Auszahlungsplan sind zu ermitteln.

Mit der Kalibrierung $\kappa = \dfrac{T}{\left(T - t_{Maximum}\right)^2} = \dfrac{12}{\left(12 - 4\right)^2} = 0,1875$ und der wölbenden

Kreditfunktion

$$K(t) = \left(\frac{t}{T}\right)^{\kappa \cdot T - 1} \cdot \exp\left(\kappa \cdot (T - t)\right) \cdot \left(1 - \frac{t}{T}\right) \cdot \kappa \cdot K_A$$

$$= \left(\frac{t}{12}\right)^{1,25} \cdot \exp\left(2,25 - 0,1875 \cdot t\right) \cdot \left(1 - \frac{t}{12}\right) \cdot 1.687.500\text{€} \text{ ergibt sich für die}$$

potenzexponentiale Tranchenkumulationsfunktion, folgende Darstellung:

$$A(t) = \left(\frac{t}{T}\right)^{\kappa \cdot T} \cdot \exp\left(\kappa \cdot (T - t)\right) \cdot K_A = \left(\frac{t}{12}\right)^{2,25} \cdot \exp\left(2,25 - 0,1875 \cdot t\right) \cdot 9.000.000\text{€}$$

t (Zeitpunkt)	1	3	6	9	12
K(t)	544.767€	1.209.489€	1.092.717€	516.774€	0€
A(t)	264.130€	2.150.203€	5.827.822€	8.268.391€	9.000.000€

Tabelle 4:   Wölbende Kreditfunktion und potenzexponentiale Tranchenkumulationsfunktion

Quelle: Eigene Darstellung

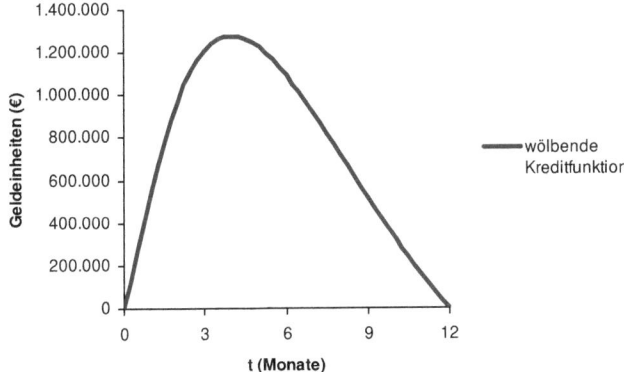

Abbildung 7: Wölbende Kreditfunktion

Quelle: Eigene Darstellung

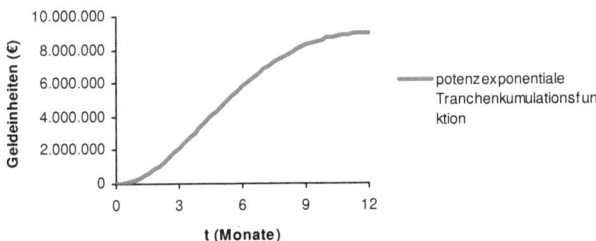

Abbildung 8: Potenzexponentiale Tranchenkumulationsfunktion

Quelle: Eigene Darstellung

Die Kreditanfangsschuld $K_T = \exp\left((z+\kappa)\cdot T\right)\cdot \kappa \cdot K_A$

$$\cdot T \cdot \left(T \cdot \int_0^T \frac{\exp\left(-x \cdot (z+\kappa)\right) \cdot \left(\frac{x}{T}\right)^{\kappa \cdot T}}{x} dx - \int_0^T \exp\left(-x \cdot (z+\kappa)\right) \cdot \left(\frac{x}{T}\right)^{\kappa \cdot T} dx \right) \text{ als Ausgangspunkt für}$$

die Kreditrückzahlung ermittelt sich für die Beispieldaten und einem Kreditzinssatz von

$z = 8,75\%$ p.a. näherungsweise mit Hilfe der Trapezregel (Vgl. Stoer, J.; Bulirsch, R.,

2002, S. 146-151). Die Trapezregel entspricht der Newton-Cotes-Formel mit den beiden

Gewichten $\frac{1}{2}$ und $\frac{1}{2}$. Damit ergibt sich auf Basis einer Schrittweite von $0,25$ folgender

Näherungswert: $K_T = 9.464.510€$

4 Fazit und Ausblick

Auf Grund der in der Praxis heutzutage existierenden traditionellen Formen der Kredit- und Debitfunktionen, die dabei nicht adäquate Berücksichtigung von unterschiedlichen Phasenentwicklungen und der nur marginal untersuchten theoretischen Seite erscheint es lohnenswert, zunächst mit ausgewählten Darstellungsformen für Kreditfunktionen (Darstellung von Auszahlungsströmen) Klassen von Differentialgleichungen zu bilden. Dies dient als Voraussetzung, um mit den allgemeingültigen Aussagen eine Verbesserung für Kreditgeber und –nehmer herbeiführen zu können.

Als Ausblick möchte ich auf die Bildung von weiteren Klassen von Differentialgleichungen (z.B. polynomiale sowie potenzielle Tranchenkumulationsfunktion) hinweisen. Daran schließt sich nahtlos der Transfer von Kredit- zu Debitfunktionen an. Darüber hinaus ist die dynamische Betrachtung zu erwähnen. Dabei können aufbauend auf den zu entwickelnden Grundlagen für Kredit- und Debitfunktionen allgemeingültige Optimalitätsaussagen für ein Kollektiv aus Kreditinstitutssicht generiert werden. Optimierte Bankzahlungsströme stehen dabei im Fokus. Die Wechselbeziehungen der Zahlungsströme zwischen Kreditgeber und Kreditnehmer nehmen eine wesentliche Rolle ein.

Literatur

1. Haensel H (2007) Finanzmathematische Aufgaben für das „Akademische Europaseminar" zur Tranchen- und Tilgungsrechnung. Eigenverlag, Dresden 1-41

2. Haensel H (2008) Anleihentilgung mit Annuitätsanstieg. In: Wissenschaftliche Zeitschrift EIPOS. expert verlag, Renningen 178-195

3. Laux H (2002) Weiterführende Untersuchungen zum dynamischen Beharrungszustand des Bausparens. Konrad Triltsch Verlag, Blätter der DGVM, Band XXV, Heft 3, Ochsenfurt-Hohestadt 543

4. Oppitz V (2005) OR_MAT Wirtschaftsmathematik. Karriere- und Wirtschaftsberatung, Verlagsbuchhandel, Dresden 18-69

5. Oppitz V (2007) Differentialgleichungen wirtschaftlichen Wachstums. In: Management. Europäisches Institut für postgraduale Bildung an der Technischen Universität Dresden e. V., Dresden 155-168

6. Oppitz V (2007) OR_MAT Wirtschaftsmathematik. Karriere- und Wirtschaftsberatung, Verlagsbuchhandel, Dresden 28-68

7. Stoer J, Bulirsch R (2002) Introduction to Numerical Analysis. Springer-Verlag, 3. Auflage, New York/Berlin/Heidelberg 145-189

8. Weiß A (2008) Debitfunktionen. In: Wissenschaftliche Zeitschrift EIPOS. expert verlag, Renningen 196-212